BEI GRIN MACHT SICH IHR WISSEN BEZAHLT

AF139160

- Wir veröffentlichen Ihre Hausarbeit, Bachelor- und Masterarbeit

- Ihr eigenes eBook und Buch - weltweit in allen wichtigen Shops

- Verdienen Sie an jedem Verkauf

Jetzt bei www.GRIN.com hochladen und kostenlos publizieren

Bibliografische Information der Deutschen Nationalbibliothek:

Die Deutsche Bibliothek verzeichnet diese Publikation in der Deutschen National-
bibliografie; detaillierte bibliografische Daten sind im Internet über http://dnb.d-
nb.de/ abrufbar.

Impressum:

Copyright © 2018 GRIN Verlag
Druck und Bindung: Books on Demand GmbH, Norderstedt Germany
ISBN: 9783668861787

Dieses Buch bei GRIN:

https://www.grin.com/document/446349

Sevim Toker

Achsensymmetrie überprüfen und achsensymmetrische Figuren herstellen im Unterrichtsfach Mathe

GRIN Verlag

GRIN - Your knowledge has value

Der GRIN Verlag publiziert seit 1998 wissenschaftliche Arbeiten von Studenten, Hochschullehrern und anderen Akademikern als eBook und gedrucktes Buch. Die Verlagswebsite www.grin.com ist die ideale Plattform zur Veröffentlichung von Hausarbeiten, Abschlussarbeiten, wissenschaftlichen Aufsätzen, Dissertationen und Fachbüchern.

Besuchen Sie uns im Internet:

http://www.grin.com/

http://www.facebook.com/grincom

http://www.twitter.com/grin_com

Seminar HRSGE

Schriftliche Planung zum
3. Unterrichtsbesuch im Fach Mathematik

Lehramtsanwärter/in: Sevim Toker

Lerngruppe: Klasse 5.6

Lerngruppengröße: 28 Schülerinnen und Schüler

Datum: 14.05.2018

Uhrzeit: 14.30 – 15.15 Uhr

Thema der Unterrichtsreihe:	Was steckt hinter *schönen* Figuren? Symmetrie! – Achsensymmetrie überprüfen und achsensymmetrische Figuren herstellen
Thema **der Unterrichtsstunde:**	Falten, spiegeln, zeichnen, Gummis spannen – wir stellen achsensymmetrische Figuren her – Die Schülerinnen und Schüler erzeugen in einer Lerntheke durch verschiedene Verfahren handlungsorientiert achsensymmetrische Figuren

1. Legitimation der Stunde

1.1 Legitimation des geplanten Unterrichts

Die Behandlung der Thematik „Symmetrie" im Mathematikunterricht in der Sekundarstufe I ist durch den Kernlehrplan des Faches Mathematik und ebenso durch den schulinternen Rahmenlehrplan Mathematik für die fünfte Jahrgangsstufe legitimiert. Als Ziel am Ende der Jahrgangsstufe sechs der inhaltsbezogenen Kompetenz *Geometrie* ist angegeben:

Die Schülerinnen und Schüler „beschreiben grundlegende Symmetrien mit angemessenen Fachbegriffen und identifizieren sie in ihrer Umwelt" und außerdem „erfassen und begründen Eigenschaften von Figuren mit Hilfe von Symmetrie [...]." (KLP Mathe GeS, S.25, S.16).

Besonders auf dem Bereich des Erfassens und Konstruierens ebener Figuren ist die Reihe und als Bestandteil dieser hier vorgestellten Stunde angesiedelt.

Die SuS müssen die Eigenschaften gegebener Figuren erfassen, um bei der Verbalisierung ihrer Handlungsweisen zunächst korrekte Grundbegriffe (Achsensymmetrie und Abstand) zu verwenden, um im Anschluss die entstandenen Figuren zu benennen und zu charakterisieren. Der Schwerpunkt der Stunde liegt hier bei der inhaltsbezogenen Kompetenz auf dem Konstruieren der achsensymmetrischen Figuren, welches als zentraler Punkt der Kompetenz *Geometrie* im Kernlehrplan geführt wird (vgl. KLP Mathe GeS).

1.2 Didaktische Schwerpunktsetzung der Reihe

Im Rahmen verschiedener alltagsnaher Kontexte sollen folgende didaktische Reihenziele erreicht werden:

Die Schülerinnen und Schüler können

- erkennen, ob Bilder achsensymmetrisch sind und die Anzahl der Symmetrieachsen bestimmen.
- in Figuren alle Symmetrieachsen eintragen.
- Figuren auf Achsensymmetrie überprüfen.
- Figuren zu achsensymmetrischen Figuren mit einer Symmetrieachse oder mehreren Symmetrieachsen ergänzen.
- zu vorgegebenen Geraden eine Figur zeichnen, die diese Gerade als Symmetrieachse hat.

1.3 Einbettung der Stunde in die Reihe

Std.	Thema der Stunde	Schwerpunktziel der Stunde
1.	Wir basteln für das Schulfest – Wie können wir *schöne* Herzen und Sterne basteln? Handlungsorientierte Einführung des Begriffs Symmetrie	Motivierung der Schülerinnen und Schüler, Aktivierung von Vorwissen, Herstellung achsensymmetrischer Figuren *Geometrie - anwenden*
2.	Wir untersuchen unser Alphabet – Buchstaben auf Achsensymmetrie überprüfen und Symmetrieachsen eintragen	SuS können den Begriff Achsensymmetrie auf verschiedene ebene Figuren (Buchstaben) anwenden und die Achsensymmetrie einzeichnen *Geometrie - ebene Strukturen nach Maß und Form erfassen,* *Werkzeuge - zeichnen*
3.	Wir untersuchen unsere Verkehrszeichen und Flaggen – Verkehrszeichen und Flaggen auf Achsensymmetrie überprüfen und Symmetrieachsen eintragen	SuS können den Begriff Achsensymmetrie auf verschiedene ebene Figuren (Buchstaben) anwenden und die Achsensymmetrie einzeichnen *Geometrie - ebene Strukturen nach Maß und Form erfassen,* *Werkzeuge – zeichnen*
4.	Halbe Figuren? Verschiedene Figuren mit einer Symmetrieachse oder mehreren Symmetrieachsen in Partnerarbeit ergänzen	SuS können Figuren mithilfe verschie-dener Möglichkeiten (mithilfe eines Spiegels, durch das Falten, mithilfe eines Geodreiecks) zu achsensymmetrischen Figuren ergänzen *Geometrie – anwenden* *Geometrie - ebene Strukturen nach Maß und Form erfassen,* *Werkzeuge – zeichnen*
5.	Falten, zeichnen, Gummis spannen – wir stellen achsensymmetrische Figuren her – Die Schülerinnen und Schüler erzeugen in einer Lerntheke durch verschiedene Verfahren handlungsorientiert achsensymmetrische Figuren	Anwendung und Vertiefung des Gelernten *Geometrie – anwenden* *Geometrie - ebene Strukturen nach Maß und Form erfassen,* *Werkzeuge – zeichnen*
6.	Wie können wir achsensymmetrische Figuren herstellen? Schülerinnen und Schüler zeichnen in Partnerarbeit zu vorgegebene Geraden eine Figur, die diese Geraden als Symmetrieachse hat	Schülerinnen und Schüler können eigene achsensymmetrische Figuren herstellen *Geometrie – anwenden* *Geometrie - ebene Strukturen nach Maß und Form erfassen, Werkzeuge – zeichnen*

2. Ziele der Stunde und angestrebte Kompetenzen

2.1 Schwerpunktziel

Mit der heutigen Stunde sollen SuS schwerpunktmäßig ihre Fähigkeiten im inhaltsbezogenen Kompetenzbereich der Geometrie erweitern und festigen, indem sie in einer Lerntheke selbstständig mithilfe verschiedener Zugänge (zeichnerisch und enaktiv) achsensymmetrische Figuren erzeugen (KLP S.25, Geometrie/konstruieren und anwenden).

2.2 Teilziele

1. Die SuS geben ihr Verständnis von achsensymmetrischen Figuren wieder, indem sie enaktiv eine einfache achsensymmetrische Figur durch Ausschneiden und Falten erstellen (Geometrie/ konstruieren).

2. Die SuS wenden mögliche Methoden zur Konstruktion achsensymmetrischer Figuren an, indem sie mit Spiegel und Geodreieck eine gegebene Figur spiegeln (Geometrie/konstruieren, Werkzeuge/darstellen).

3. Die SuS vertiefen ihr Wissen zu achsensymmetrischen Figuren, indem sie auf dem Geobrett Figuren nachbilden und eigene Figuren erzeugen (Geometrie/ konstruieren).

4. Die SuS reflektieren die erarbeitete Methode, indem sie ihr Vorgehen erklären und die Methode in präzisen Regeln formulieren (Geometrie/erfassen, Werkzeuge/darstellen).

5. Die SuS vertiefen die gelernte Methode, indem sie eine Figur spiegeln, die nicht an der Spiegelachse anliegt (optional, didaktische Reserve)

Hierdurch sollen folgende **Kompetenzen** laut Kernlehrplan gefördert werden:

Die Schülerinnen und Schüler

Inhaltsbezogene Kompetenzen:
Geometrie:
(1) (erfassen)
... verwenden die Grundbegriffe Punkt, Gerade, Strecke, Abstand, parallel, senkrecht, achsensymmetrisch zur Beschreibung ebener Figuren

(2) (konstruieren)
... zeichnen grundlegende symmetrische Muster.

Prozessbezogene Kompetenzen:
(3) Argumentieren/Kommunizieren:
... sprechen über eigene und vorgegebene Lösungswege, Ergebnisse und Darstellungen, finden, erklären und korrigieren Fehler.

(4) Werkzeuge:
... nutzen Lineal, Geodreieck und Zirkel zum Messen und genauen Zeichnen

3. Lernausgangslage im Hinblick auf die geplante Stunde

	Feststellung/Ausprägung	Konsequenzen für die Unterrichtsstunde
organisatorische, allgemeine und soziale Rahmenbedingungen	Die Klasse 5.6 besteht aus 28 SuS.	Um das räumliche Problem bei der Lerntheke zu entzerren, wird die Lerntheke und die Lösungskarten an zwei Standorten in der Klasse aufgebaut
	Der überwiegende Teil der Klasse ist in der Regel bemüht und arbeitet engagiert mit.	Es kann von einer guten Lernatmosphäre im Unterricht ausgegangen werden.
	Die Lerngruppe ist sehr motiviert neue Dinge zu testen und zu erlernen und insbesondere an entdeckende Aufgabenstellungen interessiert	Das selbstständige Arbeiten wird erwartungsgemäß gut funktionieren
fachliche Voraussetzungen	Die SuS kennen bereits den Begriff Achsensymmetrie und können entsprechend ebene Figuren auf Achsensymmetrie überprüfen und achsensymmetrische Figuren ergänzen	Bei der Lerntheke kann auf diese Methoden zurückgegriffen werden
	Die Falttechnik, das Arbeiten mit dem Spiegel und Geodreieck als Methode zur Überprüfung der Achsensymmetrie ist den SuS bekannt.	Die Lernenden bekommen die Möglichkeit bereits bekannte Begriffe und Methoden zur Vertiefung des Gelernten zu nutzen
	Das Arbeiten mit dem Geodreieck bereitet einigen SuS noch Schwierigkeiten	Variation der Darstellungsebenen
	Das Arbeiten mit dem Geobrett ist den Lernenden aus anderen thematischen Zusammenhängen bekannt	Umgang mit dem Geobrett muss nicht ausführlich erklärt werden
methodische, mediale, sprachliche, soziale und personale Kompetenzen	Die Methode der Lerntheke ist den Lernenden nicht aus dem Mathematikunterricht direkt bekannt	Der Ablauf und Aufbau der Lerntheke wird mit den Lernenden in der Einstiegsphase besprochen und an der Tafel festgehalten

4. Sachanalyse des Unterrichtsgegenstandes

Symmetrieverhalten ist eine zentrale Eigenschaft geometrische Figuren. In der Mathematik unterscheidet man verschiedene Symmetrien. Je nach der zugrunde liegenden Abbildung unterscheidet man Achsen-, Schub-, Dreh-, Punkt-, oder Schubspiegelsymmetrie. Eine Figur gilt als symmetrisch, wenn sie durch ein bestimmtes Verfahren, je nach Symmetrie auf sich selbst abgebildet werden kann. Die beiden Figuren sind dann zueinander kongruent oder deckungsgleich. Im Falle der hier behandelten Achsensymmetrie bedeutet dies, dass eine Figur achsensymmetrisch ist, wenn sie durch eine Symmetrie- oder Spiegelachse in zwei spiegelbildliche, deckungsgleiche Teile zerlegt werden kann. Diese Eigenschaft lässt sich dahingehend nutzen, dass nicht achsensymmetrische Figuren durch korrektes Spiegeln an einer Symmetrieachse zu achsensymmetrischen Figuren ergänzt werden können. Vergleicht man nun einen beliebigen Punkt P mit dem dazugehörigen Bild- oder Spiegelpunkt P´, so besitzen beide Punkte den gleichen Abstand zur Symmetrieachse. Hierbei können folgende Eigenschaften der Achsenspiegelung zugeschrieben werden:

Achsenspiegelungen sind geradentreu (Bild einer Geraden ist wieder eine Gerade), paralleltreu (Bilder zweier Geraden sind wieder zwei Parallelen), strecken- und längentreu (Bildstrecke ist genau so lang wie Ursprungsstrecke) und winkeltreu (Winkel bleiben gleich groß).

5. Relevanz der Thematik für die SuS

Das Gebiet der Symmetrie hilft uns, die Geometrie besser erklären zu können. Die Symmetrie ist eine fundamentale Idee des Geometrieunterrichts. Sie hat einen sehr großen Bezug zu unserer äußeren Wirklichkeit und kennzeichnet sich außerdem durch einen großen Facettenreichtum aus. Dabei werden nach Heinrich Winter fünf zentrale Aspekte der Symmetrie unterschieden, die wichtige Gründe für die Behandlung der Symmetrie darstellen (Winter, 2016):

1. Der Formaspekt: Eine Hälfte stellt eine Wiederholung der anderen dar. Man kann mithilfe der Symmetrie Figuren klassifizieren und Eigenschaften entdecken.

2. Der algebraische Aspekt: Man kann Achsensymmetrie durch kongruente Abbildungen (Identität- und Geradenspiegelung) angemessen beschreiben

3. Der arithmetische Aspekt: Die natürlichen Zahlen können mithilfe von Punktmustern dargestellt werden. Diese haben ein achsensymmetrisches Grundmuster.

4. Der ästhetische Aspekt: Achsensymmetrie ist ein ästhetisches Prinzip, das in verschiedenen Kontexten (Architektur, Natur, Umwelt, Musik, Kunst) eingesetzt wird.

5. Der technisch-ökonomische Aspekt: Achsensymmetrische Lösungen technischer Probleme sind oft besonders einfach, billig oder funktionell notwendig.

Diese Aspekte verdeutlichen, dass symmetrisches Verhalten in der Alltagswelt der SuS allgegenwärtig ist. Vor allem in der häuslichen und schulischen Umgebung der SuS finden sich eine Vielzahl achsensymmetrische Körper und Figuren. So wird Achsensymmetrie unterschwellig wahrgenommen. Symmetrisches Verhalten gehört für viele Menschen zu einer ästhetischen Kategorie, etwas das symmetrisch ist, ist für diese schöne anzuschauen. Das Spiegelbild strahlt eine ähnliche Faszination aus. Insbesondere Kleinkinder sind von ihrem eigenen Spiegelbild fasziniert und in unser Alltag ist ohne den Blick in das eigene Spiegelbild nicht vorstellbar.

Die Behandlung der Symmetrieeigenschaften in der Geometrie zielt dabei genau auf diese beiden alltäglichen Aspekte ab. Ziel dieser Unterrichtsreihe ist es daher, den Blick der SuS zu schärfen und über die unterbewusste Wahrnehmung herauszugehen. Spiegelungen und die daraus entstehenden Symmetrien sollen nicht nur als ästhetische Komponente, sondern als geometrische Eigenschaft aufgefasst und verstanden werden. Dabei hilft insbesondere die Konstruktion eigener achsensymmetrische Figuren, die Prinzipien des symmetrischen Verhaltens zu erkennen und die Vernetzung von Bild und Spiegelbild zu verstehen.

6. Didaktisch-methodisch Entscheidungen

Die Unterrichtsstunde beginnt mit einem Bildimpuls. Ein achsensymmetrisches Bild und eine Symmetrieachse werden an die Tafel befestigt und die Lernenden sollen die Achse an die entsprechende Stelle befestigen. Auf diese Weise soll das Vorwissen der Lernenden aktiviert werden. Als nächstes folgt die Vorstellung der Lerntheke, um Unklarheiten zu vermeiden. Um bei allen SuS eine Chance auf eine eigenständige Lösung der Problematik zu gewährleisten, ist für die Unterrichtsstunde keine weitere Einstimmung auf die Thematik geplant. Aufgrund unter-schiedlicher Voraussetzungen der SuS beim Arbeitsverhalten, folgt die Stunde einem prinzipiell kleinschrittigen Aufbau. Es werden die einzelnen Arbeitsschritte einer Lerntheke wiederholt und für alle SuS mit kleinen Kärtchen an der Tafel befestigt. Jede Station besteht aus mindestens zwei Teilaufgaben, die die SuS bearbeiten sollen. Zur Differenzierung wird für schnelle SuS eine Königsstation eingebaut. Diese darf aber erst bearbeitet werden, wenn die anderen Stationen beendet wurden. Die Selbstkontrolle mit Lösungen der Stationen lehrt die SuS selbstständig zu arbeiten und ihre Ergebnisse auf Richtigkeit zu überprüfen. Mithilfe einer Liste, das an der Tafel hängt, können die Lernenden ihre Schwierigkeiten eintragen auf die in der Sicherungsphase eingegangen werden soll. Ein akustisches Signal beendet die Arbeitsphase, in der anschließenden Reflexionsphase werden Schwierigkeiten angesprochen. Die Sicherungsphase erfolgt im Plenum, hier lesen die SuS ihre Regeln zu den einzelnen Methoden vor. Hierdurch sollten die SuS ihre sprachlichen Fähigkeiten im Mathematikunterricht stärken, da sie ihre Handlungen in einem ersten Schritt verbalisieren, in einem zweiten präzisieren müssen.

Die Lerntheke bietet den SuS die Möglichkeit einer individuellen Auseinandersetzung mit der angedachten Thematik. Da sie weitestgehend selbstständig nach ihrem Lerntempo arbeiten dürfen, wird das eigenverantwortliche und selbstständige Lernen gefördert (vgl. Mattes 2017, S.168). Weiterhin kann auf diese Weise eine innere Differenzierung ermöglicht werden (Erläuterung folgt).

Da die Lerngruppe auf eigenständige Entdeckungen sehr motiviert ist, ist die Stunde nach dem E-I-S-Prinzip nach Burner (enaktiv, ikonisch, symbolisch) konzipiert (vgl. Sprenger, Wagner, Zimmermann 2012, S.27f). Dies ist ein Prinzip zur sukzessiven Verinnerlichung des Lerngegenstandes, mithilfe der Variation der Darstellungs- oder Repräsentationsformen.

Die Lerntheke beginnt mit einer enaktiven Phase, in der die SuS mittels einer haptisch angelegten Aufgabenstellung eine achsensymmetrische Figur konstruieren sollen. Die Lernenden können in dieser Phase mit konkretem Material handeln. Dieser Teil der enaktiven Phase sollte aufgrund der allgemeinen Kenntnis über die Faltlinien von allen SuS bewerkstelligt werden.

Der zweite Teil der enaktiven Phase, das Zeichnen mit Geodreieck, entspricht nach dem E-I-S-Prinzip der ikonischen Darstellung. Dieser Repräsentationswechsel dient in erster Linie als eine Phase des Verinnerlichungsprozesses. Durch die zweidimensionale Darstellung bzw. Erfassung der Symmetrie durch Bilder, verlangt, dass die SuS die entsprechende Handlung in eine bildliche Darstellung übersetzen.

Die symbolische Darstellungsform nach dem E-I-S-Prinzip soll in dieser Stunde über die Verschriftlichung erreicht werden. Die SuS sollen die wichtigsten Schritte des Vorgangs der Spiegelung einer Figur an einer Spiegelachse in eigenen Worten beschreiben. Die Verbalisierung unterstützt die Verinnerlichung des Lerninhalts. Das Ziel ist, dass die Lernenden zu einem Prozess kommen, bei dem sie die eigene Handlung reflektieren, sodass sie von der Handlung zu einer eigenen Vorstellung kommen.

Während die vorhergehenden Aufgaben eine reproduktive Übung des behandelten Stoffes darstellen, wird in dem dritten Teil der Lerntheke, das Arbeiten mit dem Geobrett, ein anderer Zugang für SuS eröffnet, das zur Vertiefung des Lerngegenstandes beitragen soll.

Im Falle einer sehr schnellen Bearbeitung der vorherigen Phasen, erfolgt am Abschluss der Stunde noch eine vertiefende Aufgabe (siehe weiterführende Aufgabe). Da es sich hierbei um eine weiterführende Aufgabenstellung handelt, erfolgt die Bearbeitung in Partnerarbeit.

7. Literatur

Kernlehrplan Mathematik für die Gesamtschule–Sekundarstufe, K. (2004). I in Nordrhein-Westfalen–Mathematik.
Mattes, W. (2016). Methoden für den Unterricht: kompakte Übersichten für Lehrende und Lernende;[inklusive Schülerheft]. Schöningh.

Sprenger, J., Wagner, A., & Zimmermann, M. (Eds.). (2012). Mathematik lernen, darstellen, deuten, verstehen: Didaktische Sichtweisen vom Kindergarten bis zur Hochschule. Springer-Verlag.

Winter, H. (2016). Fundamentale Ideen in der Grundschule.

7. Stundenverlaufsplan

Phase	Handlungsschritte (inklusive Methoden und Sozialformen)	Kompetenzerwartungen		Kommentar	Medien / Material
		Lernziele (Nr.)	Kompetenzen		
Einstieg Ca. 5 Min.	• Begrüßung • **Plenum:** LAA hängt achsensymmetrisches Bild an die Tafel und hebt eine Symmetrieachse aus Papier hoch, S hängt die Achse entsprechend an das Bild	(TZ 1)	K1	• Vorwissen aktivieren	• Tafel • Anhang 1
Hinführung Ca. 5 Min.	• **Plenum:** Besprechung des Ablaufs und Aufbaus der Lerntheke • LAA hält die Schritte an der Tafel fest			• Transparenz für die SuS schaffen	• Anhang 2
Erarbeitung Ca. 20 Min.	• **Einzelarbeit:** SuS holen ihre Materialien und beginnen mit der Bearbeitung der Aufgaben • LAA steht bei Fragen zur Seite • SuS überprüfen ihre Ergebnisse mithilfe eines Spiegels	TZ1 TZ2 TZ3 TZ4	K1, K2, K3, K4	• DIFF: Schnelle SuS bearbeiten die Zusatzaufgabe in PA • Selbstkontrolle: Selbstständige Überprüfung der Ergebnisse	• AB • Anhang 3 • Laufzettel • Anhang 4 • Anhang 5
Reflexion Ca. 10 Min.	• L beendet die Arbeitszeit • **Plenum:** Anhand der Liste mit den Schülereintragungen werden Schwierigkeiten besprochen	TZ4	K3	• SuS sollen auftretende Probleme verbalisieren und gemeinsam lösen • Stärkere SuS können schwächeren SuS helfen	
Sicherung Ca. 5 Min.	• **Plenum:** SuS lesen ihre Regeln vor • LAA beendet die Stunde	TZ4	K3	• Wertschätzen der Ergebnisse • Sichern der Methoden • Stärkung der sprachlichen Fähigkeiten im MU, durch Verbalisierung und Präsentation ihrer Handlungen	

Anhang

Bildimpuls (Anhang 1)
Tafelbild (Ablauf der Lerntheke) (Anhang 2)
Arbeitsmaterialien (Lerntheke) (Anhang 3)
Laufzettel
Fragenliste zur Lerntheke

8. Anhang

8.1 Bildimpuls (Anhang 1)

8.2 Ablauf der Lerntheke (Anhang 2)

Starte mit der Station 1	Hole alle benötigten Arbeitsmaterialien für diese Station von der Lerntheke ab	Lege sie auf deinem Arbeitsplatz bereit	Lies konzentriert die Aufgabenstellung durch und bearbeite die Aufgabe

Falls du Fragen hast, notiere sie auf die Fragenliste an der Tafel	Wenn du die Station bearbeitet hast, trage das auf deinem Laufzettel ein	Mach weiter mit den Stationen 2, (3 und 4) Königsstation 5

Station 1

Aufgabenstellung:

1. Ergänze die graue Figur zu einem achsensymmetrischen Pfeil. Benutze dabei als Werkzeug ausschließlich die große Vorlage und eine Schere.

2. Zeichne die Symmetrieachse farbig ein.

3. Beschreibe, wie du vorgegangen bist. Formuliere schrittweise Regeln für diese Methode, um achsensymmetrische Figuren herzustellen. Nummeriere deine Schritte.

Hier hast du Platz, um deine Regeln zu notieren:

1._____

_____

_____

_____

_____

_____

_____

_____

_____

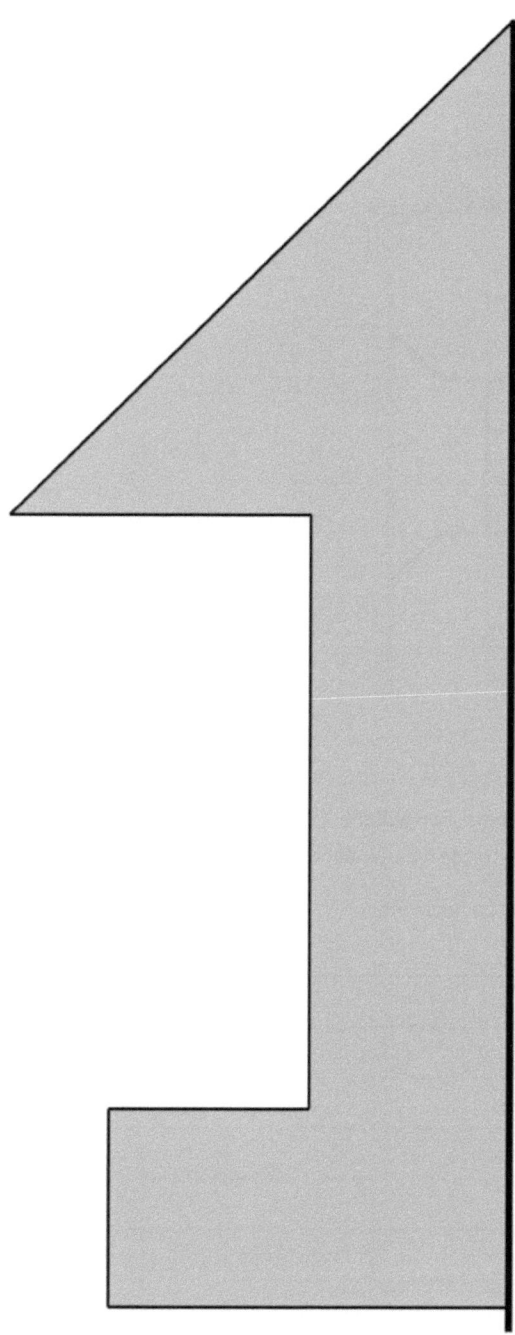

Station 2

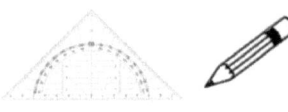

Aufgabenstellung:

1. Ergänze die Figur zu einer achsensymmetrischen Figur. Benutze dabei als Werkzeug ausschließlich ein Geodreieck und einen Stift.

2. Überprüfe deine Lösung mithilfe des Spiegels

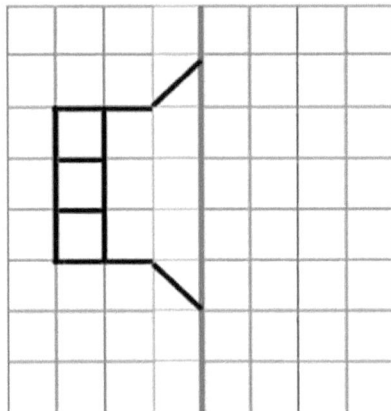

3. Beschreibe, wie du vorgegangen bist. Formuliere schrittweise Regeln für diese Methode, um achsensymmetrische Figuren herzustellen. Nummeriere deine Schritte.

Hier hast du Platz, um deine Regeln zu notieren:

1._____

_____

_____

_____

_____

_____

_____

_____

Station 3

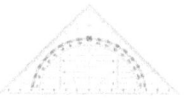

Aufgabenstellung:

1. Vervollständige die beiden Figuren zu achsensymmetrischen Figur. Benutze dabei als Werkzeug ausschließlich ein Geodreieck und einen Stift.

2. Überprüfe deine Lösung mithilfe des Spiegels.

a)

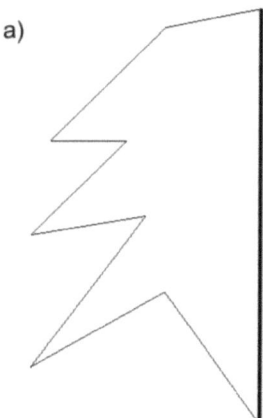

b)

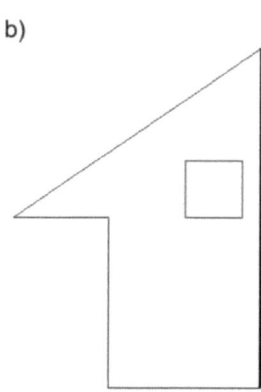

Station 4

Aufgabenstellung:

1. Arbeite mit dem Geobrett. Du brauchst ein Geobrett und Gummis.

2. Spanne mit dem Geobrett diese Figuren nach.

1.) 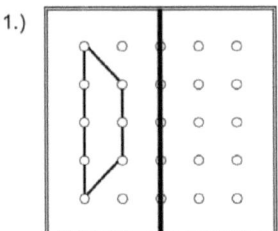   2.) 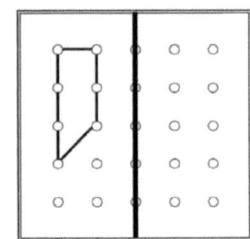   3.)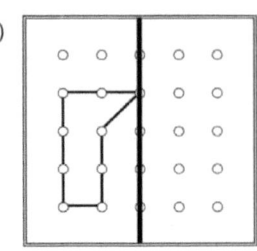

4.)   5.) 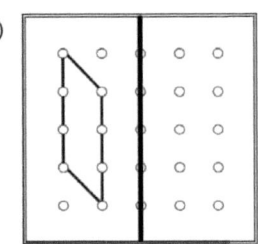   6.)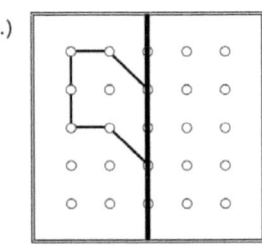

7.) 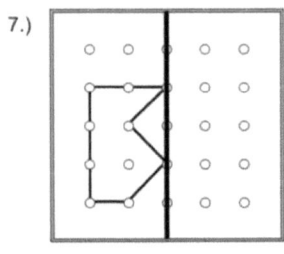   8.) 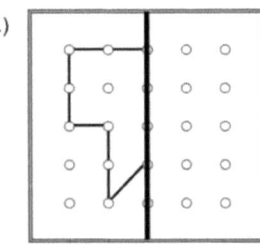   9.)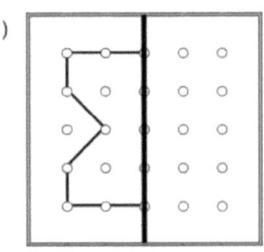

Königsstation 5

Aufgabenstellung:

1. Spiegel die graue Figur an der Spiegelachse S1.

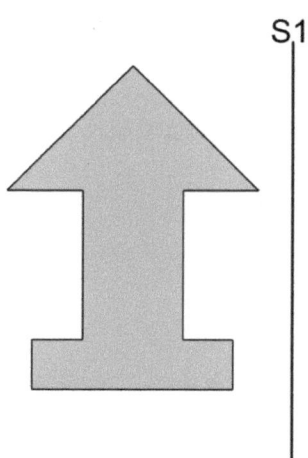

S1

2. Beschreibe, wie du vorgegangen bist. Formuliere schrittweise Regeln für diese Methode, um achsensymmetrische Figuren herzustellen. Nummeriere deine Schritte.

Hier hast du Platz, um deine Regeln zu notieren:

1._____

_____

_____

_____

_____

_____

_____

_____

_____

Laufzettel für die Lerntheke: Symmetrie

1. Bearbeite die Stationen 1 – 4 in deinem eigenen Lerntempo. Wenn du fertig bist, kannst du deine Ergebnisse mithilfe eines Spiegels. Diese liegen an den Lösungsstationen. Die fünfte Station ist die Königsstation. Du kannst die Königsstation bearbeiten, wenn die mit allen anderen Stationen bereits fertig bist.

2. Kreuze an, welche Stationen du bereits bearbeitet hast! Schätze mit den Smileys ein, wie gut du die Aufgabe bearbeiten konntest.

Achsensymmetrie		Erledigt?	☺ ☹
Station 1			
Station 2			
Station 3			
Station 4			
Königsstation 5			

Viel Erfolg!!!

Fragenliste zu der Lerntheke: Symmetrie

Hier kannst du deine Fragen, die bei der Bearbeitung der einzelnen Stationen aufgekommen sind, notieren.

Station	Frage/Problem

BEI GRIN MACHT SICH IHR WISSEN BEZAHLT

- Wir veröffentlichen Ihre Hausarbeit,
  Bachelor- und Masterarbeit

- Ihr eigenes eBook und Buch -
  weltweit in allen wichtigen Shops

- Verdienen Sie an jedem Verkauf

Jetzt bei www.GRIN.com hochladen und kostenlos publizieren